CAUSES MÉCANIQUES

DE LA

CIRCULATION DU SANG.

DE L'IMPRIMERIE DE CRAPELET,
RUE DE VAUGIRARD, N° 9.

ESSAI

SUR LES

CAUSES MÉCANIQUES

DE LA

CIRCULATION DU SANG,

PAR

AUG^te NOUGARÈDE DE FAYET,

ANCIEN ÉLÈVE DE L'ÉCOLE POLYTECHNIQUE.

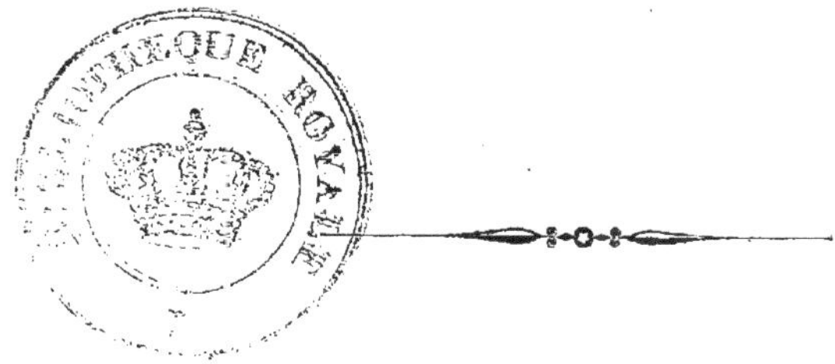

A PARIS,

CHEZ J.-B. BAILLIÈRE,

LIBRAIRE DE L'ACADÉMIE ROYALE DE MÉDECINE,

RUE DE L'ÉCOLE DE MÉDECINE, 17 ;

A LONDRES, CHEZ H. BAILLIÈRE, 219, REGENT-STREET.

1843.

AVANT-PROPOS.

Dans un travail publié en 1838 sur les éléments chimiques des corps et en particulier des corps animés, nous avions été conduit à émettre quelques idées nouvelles sur les causes de la circulation du sang dans l'homme et dans les animaux à sang rouge : nous nous proposons aujourd'hui de reprendre ces idées sous le point de vue à la fois mécanique et physiologique, en y ajoutant en même temps quelques considérations relatives à la circulation de la lymphe. Quoique ces questions semblent plus exclusivement réservées aux médecins, nous espérons que de même qu'ils empruntent souvent aux sciences étrangères de la mécanique et de la chimie une portion de leurs théories physiologiques, ils voudront bien nous permettre à notre tour, en nous appuyant sur ces sciences, de faire une excursion dans le domaine de la physiologie.

Paris, 15 décembre 1842.

DE LA
CIRCULATION DU SANG
DANS LE CORPS HUMAIN.

SYSTÈMES ACTUELLEMENT ADMIS SUR LA CIRCULATION DU SANG.

Depuis la découverte de Harvey sur la circulation du sang dans le corps humain, on s'est demandé souvent quelle pouvait être la cause de cette circulation : Harvey lui-même la regardait comme due uniquement à la force de la contraction du ventricule gauche du cœur, et son opinion à cet égard a été longtemps suivie; Bichat, le premier, l'a attaquée avec succès en ce qui concerne les vaisseaux capillaires, soutenant que le mouvement du sang dans ces vaisseaux devait être attribué à leur force propre de contractilité; enfin d'autres auteurs ont réuni et étendu ces deux opinions, et il semble aujourd'hui généralement admis par la majorité des écrivains que la circulation du sang dans les vaisseaux est due à la fois à l'impulsion du cœur et à la contractilité propre des vaisseaux qui le conduisent (Richerand et Bérard, 10ᵉ édition , t. I).

Nous allons d'abord examiner l'une et l'autre de ces deux opinions, en commençant par celle qui attribue la circulation du sang à l'impulsion venue du ventricule gauche du cœur.

CHAPITRE PREMIER.

OBJECTIONS AUX SYSTÈMES ACTUELLEMENT ADMIS SUR LA CIRCULATION DU SANG.

§ 1er. DE L'IMPULSION DU COEUR.

DANS le désir naturel de soutenir leur opinion par l'expérience, les partisans de l'impulsion due à la force de contraction du cœur, se sont efforcés d'évaluer cette force, et même de la mesurer mécaniquement ; mais les résultats qu'ils ont obtenus sont loin d'être d'accord entre eux, et, disent MM. Richerand et Bérard, « depuis Keil, qui l'es-« time seulement à quelques onces, jusqu'à Bo-« relli qui la porte à cent quatre-vingt mille livres, « on trouve dans Michelotti, Robinson, Morgan, « Hales, Cheselden, etc., toutes les évaluations et « appréciations intermédiaires. D'où l'on peut con-« clure avec Haller, ajoutent-ils, qu'il est peut-« être impossible de l'évaluer avec une précision « mathématique, mais qu'elle est néanmoins très-« grande (t. I, p. 480). »

Or, d'abord remarquons une chose : le mouvement complet de circulation du sang se compose de deux circuits distincts : le premier parcourant, par les artères et les veines, toute l'étendue de nos membres et de nos organes ; le second conduisant simplement le sang au poumon pour le ramener immédiatement au cœur ; d'après le système qui attribuerait aux ventricules du cœur une force d'impulsion, le premier serait soumis à l'influence du ventricule gauche, et le second à l'influence du ventricule droit de cet organe.

Or, comment expliquer que deux organes destinés à remplir des fonctions d'impulsions différentes pussent présenter dans leur construction apparente une si grande similitude ? On a bien essayé, il est vrai, de dire que les parois du ventricule gauche étaient plus épaisses que celles du ventricule droit ; mais cette différence qui tient à une petite différence de capacité relative au sang artériel et au sang veineux, est dans tous les cas peu sensible.

Et si d'ailleurs, sans chercher des considérations étrangères, on veut faire directement, sur la contraction de l'un et l'autre ventricule, les expériences mécaniques les plus simples, on la trouvera tout à fait hors de toute proportion avec le rôle qu'on leur attribue ; et je n'en veux ici pour preuve que l'exemple même cité par MM. Richerand et Bérard, « que l'extrémité du doigt intro-« duite dans le cœur d'un animal est assez vive-« ment pressée (*ibid.*, p. 481). » Quoi ! c'est là tout ce que produit une force destinée à faire parcourir au sang les circuits les plus étendus et les plus variés jusqu'aux extrémités de notre corps, résultat prodigieux et que tous les efforts de la mécanique moderne seraient impuissants, nous ne dirons pas à produire, mais même à imaginer.

Mais si cette force ne se manifeste pas en elle-même, et dans les contractions même du cœur, voyons du moins si elle se manifeste dans les vaisseaux par ses effets, et, pour cela, cherchons-la d'abord dans les artères qui suivent immédiatement les contractions du cœur. A cet égard, nous emprunterons encore pour un instant les paroles de MM. Richerand et Bérard (*ibid.*, p. 501).

« Au moment où le ventricule gauche se con-
« tracte pour faire passer le sang dans l'aorte,
« disent-ils, les valvules sigmoïdes s'élèvent pour
« lui livrer passage, en s'appliquant aux parois de
« ce vaisseau; lorsqu'au contraire le ventricule
« cesse de se contracter, l'aorte réagit sur le sang
« qui la dilate et le repousserait dans le ventricule,
« si tout à coup les valvules, en s'abaissant, ne
« lui présentaient un obstacle insurmontable, et
« ne devenaient le point sur lequel s'appuie l'ac-
« tion de toutes les artères. »

Mais qu'est donc devenue cette force si puissante qui devait conduire le sang jusqu'aux extrémités de nos organes qu'il faille immédiatement lui prêter secours pour l'empêcher de revenir sur elle-même ? La colonne qui entre dans le moment que nous considérons est animée d'un mouvement considérable, elle arrive à la suite d'autres colonnes animées d'un semblable mouvement, il semble que tout favorise sa marche, et cependant il faut que les valvules sigmoïdes, immédiatement abaissées, lui ferment le retour sur son propre chemin?

En général, on remarque que les valvules sont placées dans les endroits où l'impulsion étant très-faible, il y a lieu en effet de craindre que le liquide ne suive pas exactement la marche qui lui est tracée : ainsi dans le système veineux, ainsi dans le système de la circulation lymphatique : comment donc se ferait-il que les valvules sigmoïdes eussent une signification et un usage tout contraires?

Et si, d'un autre côté, non content de prendre le sang à son entrée dans les artères, on veut le suivre encore dans tout le cours de ses vaisseaux, comment se ferait-il qu'une même force fût destinée à faire parcourir au sang des distances si différentes? La force convenable pour les petits parcours sera-t-elle suffisante pour les grands, et d'un autre côté la force nécessaire pour les grandes distances n'excédera-t-elle pas le but à atteindre pour les autres?

Comment d'ailleurs expliquer dans ce système les changements de direction des artères, quelquefois presque à angle droit?

Si l'impulsion du cœur existait en réalité, il devrait y avoir, lorsqu'une ou plusieurs artères sont momentanément comprimées, des forces d'impulsions détruites, des mouvements altérés, une perturbation en un mot que rien cependant ne permet de reconnaître.

Et cependant la difficulté n'est rien encore dans les artères principales auprès de ce qu'elle est dans les capillaires : comment en effet expliquer pour ces derniers vaisseaux que, sous l'influence de l'exercice, des passions, d'une irritation mécanique, le sang puisse revenir sur lui-même, et surtout reprendre sa marche lorsque la cause qui l'en détournait est venue à cesser ?

On a cru, il est vrai (M. Magendie), par une expérience directe, pouvoir retrouver dans les veines les effets de l'impulsion du cœur, et l'on en a conclu *à fortiori* son existence dans les capillaires et dans les artères (Richerand et Bérard, T. I, p. 548); mais nous verrons tout à l'heure, en examinant cette expérience, que la conséquence qu'on en a tirée pèche par sa base et qu'il faut, au contraire, lui donner une explication tout opposée.

Ainsi d'abord nous conclurons de ces premières observations que l'impulsion du cœur ne peut servir à motiver le cours du sang dans les vaisseaux.

Venons maintenant à la seconde cause d'action, c'est-à-dire la contractilité propre de ces mêmes vaisseaux.

§ 2. CONTRACTILITÉ PROPRE DES VAISSEAUX.

Et ici d'abord nous demanderons toute l'attention du lecteur, ayant à traiter le point le plus délicat peut-être des théories physiologiques, celui des forces vitales.

La contractilité propre des vaisseaux peut s'entendre de trois manières, 1°. ou de ce qu'ils sont simplement élastiques, et qu'alors, étant dilatés par une force préalable qui pousse le sang dans leur intérieur (comme serait l'impulsion du cœur), ils réagissent par leur force propre pour expulser le liquide qu'ils ont reçu.

2°. Ou bien encore que les vaisseaux sont doués d'une certaine irritabilité qui fait qu'ils se dilatent sous la présence du sang, et qu'ensuite les corps environnants réagissent, par leur compression, pour les ramener à leur état normal en expulsant également le liquide qu'ils contiennent.

Ou enfin, en troisième lieu, que les vaisseaux, après s'être dilatés et avoir admis le sang en vertu de cette irritabilité, reviennent ensuite sur eux-mêmes par suite de leur contraction propre, lorsqu'une autre force, semblable à l'impulsion du cœur, a fait sortir de leur intérieur le sang qu'ils contenaient.

On a dit, il est vrai, et Bichat a soutenu le premier cette opinion pour les capillaires, que les vaisseaux étaient à eux seuls les agents du mouvement du sang et qu'ils renfermaient en eux-mêmes une double force, se dilatant pour le faire entrer et se contractant ensuite pour l'expulser.

Mais nous ne pouvons admettre une manière de procéder si manifestement contraire à toutes les lois de la mécanique ordinaire. Comment veut-on, en effet, que, si la force de dilatation l'emporte d'abord sur celle de contraction, ainsi qu'on le suppose, cette dernière l'emporte ensuite à son tour sans qu'aucune cause nouvelle soit survenue? Deux forces contraires sont en présence; il est clair que si l'une d'elles n'a pu d'abord résister à l'autre, elle ne pourra pas davantage lui résister par la suite, ni à plus forte raison la réprimer, à moins qu'une force nouvelle ne vienne lui prêter secours.

Ainsi, rejetant complétement ce point de vue, il nous restera à nous demander, parmi les trois modes d'explication que nous venons d'exposer, quel est celui que nous choisirons pour expliquer la circulation du sang?

Et d'abord remarquons en quoi ils diffèrent quant aux résultats de dilatation et de contraction : d'après la première opinion, les vaisseaux seraient dilatés à l'aide d'une force étrangère et reviendraient ensuite sur eux-mêmes, en vertu de leur force propre, en expulsant le liquide qu'ils auraient reçu; dans ce système, la force de contraction serait la seule agissante en réalité dans le vaisseau, et, comme cette force tend à le tenir fermé, et par conséquent à empêcher l'introduction du liquide, il s'ensuivrait que la nature propre du vaisseau, loin de favoriser le mouvement du sang, tendrait au contraire à l'entraver.

D'ailleurs en présence de toutes les expériences qui ont été faites, et du grand nombre de filets nerveux qui se rendent à la surface des vaisseaux conducteurs du sang, il ne semble pas qu'on puisse se refuser à reconnaître leur irritabilité.

Restent donc les deux dernières hypothèses, à savoir si les vaisseaux, dilatés par la présence du sang en vertu de leur irritabilité propre, reviennent sur eux-mêmes par la réaction des corps environnants, ou parce que le sang ayant été entraîné par une force étrangère, la cause qui tenait le vaisseau dilaté a cessé d'exister.

Or, la dénudation d'une artère n'apportant aucun changement sensible à la circulation du sang, il est clair que cette circulation est tout à fait indépendante de la compression environnante, et comme, d'un autre côté, la nature de nos organes ne nous permet pas de méconnaître cette compression, nous devrons la regarder comme une force accessoire et secondaire, qui, sans motiver le cours du sang, vient cependant se joindre le plus souvent à celles dont nous allons parler.

Ainsi, en résultat, nous admettrons que les vaisseaux se dilatent par suite de leur irritabilité propre pour recevoir le sang qui leur est destiné, et qu'ensuite ce sang étant porté plus loin par une ou plusieurs forces étrangères que nous allons exposer, le vaisseau revient à son état normal pour se dilater de nouveau par un nouvel afflux du sang.

CHAPITRE II.

FORCES QUI AGISSENT SUR LA CIRCULATION DU SANG.

TROIS forces principales agissent sur la circulation du sang : la première est l'aspiration exercée de proche en proche par les organes ; ainsi, en prenant pour point de départ le poumon, chaque fois que cet organe se dilate par l'action des muscles, il se produit graduellement dans son intérieur une sorte de vide qui attire d'une part l'air extérieur destiné à la transformation du sang, et de l'autre le sang veineux contenu dans l'artère pulmonaire ; celle-ci, à son tour, sollicite le sang renfermé dans les cavités droites du cœur, ces dernières celui des veines, puis des capillaires, et ainsi de suite en parcourant tout le cercle du mouvement. Telle est la première cause de la circulation du sang.

La seconde est la capillarité (1), c'est l'at-

------

(1) Cette expression, dont nous sommes obligé de nous servir, jettera peut-être, au premier abord, quelque embarras avec l'expression de vaisseaux capillaires, mais le lecteur n'aura pas de peine à la démêler.

traction connue d'un tube quelconque sur le liquide placé sous son influence ; cette force dont nous voyons sans cesse les exemples autour de nous, soit par le liquide qui s'élève dans un tube de verre ou de métal, soit par le coton ou par l'éponge qui s'imbibent, n'existe pas moins dans les tubes de nos vaisseaux ; et de plus cette force, au lieu d'être comme dans les tubes inanimés, constante et invariable, augmente ou diminue avec le degré d'irritation de ces mêmes vaisseaux.

Remarquons toutefois, sur cette seconde force, qu'elle ne pourrait être une cause première de la circulation du sang, car d'après sa nature, il n'y a pas plus de raison pour qu'elle le fasse mouvoir dans un sens que dans l'autre ; mais une fois l'impulsion donnée par une autre force, comme est le vide successif dont nous venons de parler, elle y concourt et y ajoute sa propre action.

Enfin la troisième force qui, bien que particulière à certaines parties de système, notamment aux vaisseaux capillaires et aux organes sécréteurs, contribue néanmoins à favoriser le mouvement général, c'est la réparation ou la sécrétion des organes.

Quel que soit le système que l'on adopte à l'égard de cette réparation, soit qu'on veuille y voir une action chimique, ou seulement une juxtaposition moléculaire des matériaux du sang appropriée à l'usage de chaque organe (1), toujours est-il qu'on ne peut méconnaître sur chaque point de ces organes un travail de la nature ; or, d'après les lois générales de la nature, les matériaux doivent nécessairement se porter là où les appelle ce travail : il en est en cela comme des éléments chimiques qui se recherchent, de la pile qui transporte aux pôles convenables les matériaux destinés à se réunir : enfin pour prendre un exemple plus souvent placé sous nos yeux, comme de la mèche qui porte à la flamme de la lampe l'huile qu'elle doit consommer.

Ainsi les trois causes principales qui détermi-

---

(1) Dans le Mémoire cité ci-dessus, nous avons montré d'abord que les éléments chimiques qui entrent dans la composition des corps animés, c'est-à-dire l'oxygène, l'hydrogène, le carbone et l'azote, renferment une force d'adhérence et de cohésion supérieure à celle de la plupart des autres corps, et qu'en outre ils ont une bien plus grande tendance à se combiner, tendance qui est même indépendante des lois de proportion nécessaire aux autres corps.

Cette double propriété permettrait d'admettre pour la nutrition l'une ou l'autre des deux explications que nous venons d'exposer.

Quant à nous, nous sommes portés à croire que depuis certains organes dont la nature moléculaire est sensiblement analogue à celle du caillot du sang, jusqu'aux sécrétions où l'action chimique ne peut être révoquée en doute, les transformations du sang dans les organes parcourent une sorte d'échelle depuis la simple juxtaposition jusqu'à la combinaison chimique la plus prononcée.

nent le cours du sang dans les vaisseaux sont 1°. le vide formé de proche en proche; 2°. l'action capillaire; 3°. enfin la force de sécrétion et de réparation des organes, cette dernière agissant plus spécialement sur les dernières ramifications des vaisseaux.

Et remarquons du reste que ces trois forces s'aident et se suppléent l'une l'autre : dans les vaisseaux larges, l'aspiration s'exerce plus aisément et l'action de la capillarité diminue ; dans les vaisseaux étroits au contraire, où l'aspiration s'exerce plus difficilement, l'action de la capillarité augmente, en raison de l'étendue des surfaces; d'autres forces même, locales et accessoires, viennent se joindre aux trois que nous venons de signaler ; telle est, comme nous l'avons vu, la force de réaction des corps environnants, telle est la substance muqueuse qui diminue suivant qu'il est nécessaire la résistance causée par le frottement des vaisseaux ; telle est la contraction des muscles; telle est enfin l'adhérence de certaines veines aux parois de la poitrine, qui, les transformant en tubes inflexibles, favorise pour elle les effets de l'aspiration.

Et si maintenant revenant sur nos pas, nous examinons ce que nous avons fait en définitive, nous voyons que nous n'avons fait autre chose que substituer un ensemble de forces d'attraction à la force d'impulsion venue du cœur et de la contractilité propre des vaisseaux.

2

Et remarquons la différence : une force d'impulsion est une force discontinue, susceptible d'être détruite ; la force d'attraction, au contraire, est une force permanente, indestructible. Supposons, par exemple, que l'on comprime momentanément une ou plusieurs artères ; en admettant que le sang se meuve par l'impulsion du cœur, il y aura nécessairement des forces détruites ; tout l'intervalle compris entre le cœur et l'endroit comprimé se trouvera privé de mouvement et ne pourra le reprendre ; au contraire, dans le système de l'attraction, la force agissante n'est jamais que suspendue ; l'obstacle cessant, elle reparaît instantanément et le mouvement recommence comme si rien ne l'avait interrompu.

M. Magendie a fait, comme nous l'avons dit, une expérience de laquelle il a cru pouvoir conclure, et avec lui MM. Richerand et Bérard (t. I, p. 548), que l'influence du cœur se faisait sentir jusque dans les veines, et à plus forte raison, disent-ils, dans les capillaires et les artères.

« Ayant mis à découvert l'artère et la veine
« principale d'un membre, il vit qu'en ouvrant la
« veine et en comprimant l'artère médiocrement,
« le cours du sang diminuait dans la veine ; il com-
« prima plus exactement, et le cours du sang di-
« minua davantage ; enfin il intercepta complète-
« ment le passage du sang dans l'artère, et alors
« non-seulement le sang cessa de sortir par la veine,

« mais celle-ci ne se débarrassa pas même du sang
« renfermé dans son intérieur ; la compression
« ayant été suspendue , aussitôt le liquide se remit
« en mouvement (*ibid.*). »

Mais tous ces résultats que M. Magendie présente
comme favorables à sa cause , sont contraires à son
propre système ; en admettant en effet l'impulsion venue du cœur , les colonnes de sang conte-
nues dans la veine devraient continuer à couler
en vertu de leur vitesse acquise , alors même que
l'on comprime l'artère , et lorsqu'au contraire on
cesse la compression , comme la force d'impulsion
venue du cœur a été détruite , le sang ne devrait
pas pouvoir reprendre immédiatement son cours.

Veut-on maintenant, dans le système de l'attraction , l'explication de ce phénomène ; il suffira
d'examiner ce que sont devenues, dans cet exemple , les trois forces dont nous avons parlé : d'a-
bord , l'artère étant comprimée, le sang artériel
cesse d'arriver aux capillaires , et le sang veineux
de se former ; de l'autre , la veine étant ouverte ,
non-seulement il n'y a plus de vide successif , mais
la pression atmosphérique se trouve substituée à ce
vide , de manière à contre-balancer l'action de la
capillarité ; de telle sorte que lorsque la veine ,
par l'effet de sa contraction propre et de la compression des corps environnants , est revenue à son
état normal , le sang doit cesser et cesse en effet
de couler ; lorsqu'au contraire on relâche l'artère ,

le sang artériel arrive de nouveau aux capillaires, s'y transforme et recommence à couler, quoique faiblement, par l'effet de la capillarité.

Ainsi, dans ce système de l'attraction, les explications des phénomènes deviennent sinon simples, elles ne peuvent guère l'être dans une organisation aussi compliquée que celle de l'homme, du moins plausibles et naturelles.

Et au reste il y a à faire, sur ces hypothèses de l'attraction, une observation très-remarquable, c'est qu'elles finissent toujours par se substituer aux autres; ainsi, pour expliquer la force qui retient l'atmosphère à la surface du globe, on avait supposé d'abord des tourbillons qui exerçaient sur cette atmosphère une sorte de pression; pour expliquer l'adhérence entre elles des diverses particules des corps de la nature, on avait supposé qu'elles s'accrochaient les unes et les autres; aujourd'hui tout cela s'explique par l'attraction; c'est elle qui détermine le mouvement des corps célestes, qui, sous le nom de cohésion ou d'affinité, attache entre elles les parties infiniment petites des corps; enfin l'électricité, qui semble vouloir envahir de plus en plus toutes les branches des sciences, n'est en réalité qu'un mode universel d'attraction.

Revenons au mouvement du sang. Il ne nous reste plus maintenant qu'à déterminer le rôle de la faculté que nous avons reconnue dans les vaisseaux de se dilater et de se contracter : c'est uniquement de servir de modérateurs, en se prêtant à recevoir une quantité de sang plus ou moins grande, suivant les besoins.

Il y a en effet une considération qui nous paraît devoir dominer toutes les questions de ce genre, et à laquelle on ne nous semble pas avoir jamais accordé l'attention qu'elle aurait méritée; c'est la latitude laissée par la nature à l'organisation de l'homme. L'homme n'est pas simplement une plante inerte destinée à exister d'une manière constante et toujours la même; il est au contraire doué de mouvements et de mouvements infiniment variés; il peut se livrer au repos, marcher, courir, s'adonner à un exercice violent; il a donc fallu aussi que son organisation pût se prêter, comme elle se prête en effet, à tous ces changements.

Quand l'homme se livre à un exercice violent, la dépense augmente, et avec elle la nécessité de matériaux réparateurs : il faut donc aussi que le battement du cœur, que le mouvement du poumon s'accélèrent; les vaisseaux doivent se dilater davantage pour laisser passer à la fois une plus grande quantité de sang, et les capillaires en reformer une plus grande proportion; s'arrête-t-il au contraire? tout ce mouvement doit cesser, et les vaisseaux revenir peu à peu à leur état normal.

Remarquons du reste que ces impulsions, ces dilatations et ces contractions des vaisseaux, sont comprises entre deux limites fixes et restreintes comme le mouvement lui-même et que la nature ne permet pas à l'homme de dépasser.

Et cette observation va même nous servir à prévenir une objection qu'on pourrait faire à l'attraction produite par le vide dans les vaisseaux, et que MM. Richerand et Bérard ont opposée en effet dans une circonstance semblable : « On sait en « effet, disent-ils, que l'aspiration produite sur « un liquide contenu dans des tubes à parois molles, « ne peut jamais étendre son action qu'à une petite « distance dans ces tubes. » (T. I, p. 557.)

Oui, sans doute, quand il s'agit de tubes indéfiniment compressibles ; mais les vaisseaux conducteurs du sang étant simplement réductibles à une limite fixe, jouent en réalité par rapport au sang le rôle de tubes solides et incompressibles.

Ainsi en résumant ce qui précède, nous avons montré quelles étaient les causes de la circulation du sang ainsi que le rôle que jouent dans cette circulation la dilatation et la contraction des vaisseaux ; nous allons maintenant examiner le phénomène de la respiration ainsi que le mécanisme du cœur, et montrer que cet organe, dont on avait fait l'agent général de toute la circulation du sang, n'exerce en réalité qu'une action tout à fait locale et secondaire.

CHAPITRE III.

DU COEUR ET DE LA RESPIRATION.

Jusqu'ici nous n'avons considéré le poumon et le cœur que comme compris parmi les vaisseaux nécessaires à la circulation du sang; nous allons maintenant les considérer en eux-mêmes, et le même ordre d'idées qui nous a servi à comprendre la circulation générale, appliqué au phénomène respiratoire, va nous servir encore à en expliquer le mécanisme et l'organisation.

Dans l'homme et dans les animaux à sang rouge, le battement du poumon n'est pas isochrone au mouvement du cœur : la raison en est, d'une part, que si les mouvements du poumon étaient aussi précipités que ceux du cœur, le sang n'aurait pas le temps de se transformer convenablement (1), et d'un autre côté, que si les mouvements du cœur étaient aussi lents que ceux du poumon, la répa-

_____

(1) On sait qu'il y a des maladies causées par la trop grande rapidité des mouvements du poumon.

ration des organes et la calorification ne s'effectue-
raient pas d'une manière suffisante.

La proportion de ces deux mouvements est, en
admettant les chiffres posés par MM. Richerand et
Bérard, pour un homme adulte (t. I, p. 410),
de soixante-dix battements du cœur contre vingt-
cinq pulsations du poumon, c'est-à-dire que le
nombre de ces dernières n'est qu'un peu plus du
tiers de celui des autres.

Or, supposons d'abord, pour plus de simplicité,
qu'il en soit régulièrement ainsi : comme d'un
autre côté la circulation du sang ne peut pas s'ar-
rêter sans porter atteinte à la conservation de
l'individu, il faut que le cœur, outre sa portion
irritable et contractile semblable à celle des autres vaisseaux conducteurs du sang, renferme encore une autre portion destinée à servir de réservoir pour le sang pendant l'intervalle de trois
battements du cœur qui s'écoule entre chaque
pulsation du poumon : tel est le rôle de l'artère
pulmonaire et des oreillettes.

Ainsi, chaque fois que le sang est rapporté au
cœur par les veines, il est versé d'abord dans
l'oreillette droite : de là il passe dans le ventricule
droit qui, excité à son tour par l'afflux du sang,
se contracte et le pousse dans l'artère pulmonaire ;
arrivé là, il y reste en réserve et s'y accumule
pour attendre le mouvement du poumon.

Lorsqu'ensuite le poumon s'ouvre pour l'inspiration, tout le sang de l'artère pulmonaire passe dans les poumons, s'y transforme, et fait place au produit de trois nouvelles pulsations.

Considérons maintenant la sortie du sang hors des poumons après que les deux actes de la respiration sont accomplis : le sang envoyé alors au cœur par le poumon représente une quantité équivalente à trois pulsations du cœur, ou, pour mieux dire, à trois contractions du ventricule gauche de cet organe, et, en attendant qu'elles s'effectuent, il reste en réserve dans l'oreillette gauche et dans les veines pulmonaires.

Maintenant, les choses ne se passent pas toujours à beaucoup près avec cette simplicité et cette régularité, et l'on sait même que l'homme, dans l'intérêt de sa conservation, peut suspendre sa respiration pendant un temps plus ou moins prolongé.

Dans ce cas, le sang s'amasse d'abord, comme on l'a vu, dans l'artère pulmonaire, puis, quand cette artère est pleine, il reflue du ventricule droit dans l'oreillette par les trous dont est percée à cet effet la valvule qui les sépare, et c'est même à servir ainsi de réservoir supplémentaire au sang que cette oreillette est spécialement destinée. Car, si la respiration était régulière, une artère pulmonaire d'une capacité convenable pouvait suffire à cet objet.

Voyons à présent ce qui se passe de l'autre côté du poumon, et d'abord remarquons une chose dont chacun peut s'assurer par sa propre expérience : ce n'est pas après une respiration ordinaire que l'on peut s'abstenir longtemps de respirer, mais après une aspiration forte et prolongée, de manière à transformer à la fois une plus grande quantité de sang.

C'est même pour cela que, du côté gauche du cœur, la disposition des cavités n'est plus la même que nous l'avons trouvée de l'autre côté; car ici les deux réservoirs du sang, au lieu d'être, comme dans le premier cas, séparés par le ventricule, se trouvent au contraire réunis du même côté de ce ventricule.

C'est cette disposition des cavités du cœur qui permet aux vaisseaux artériels de recevoir la quantité de sang qui leur est nécessaire en attendant un nouveau mouvement respiratoire, et qui fait que le ventricule gauche continue son mouvement alors même que celui du poumon est interrompu.

Et il en est de même aussi du ventricule droit : car l'oreillette droite, placée au-dessus et en arrière de ce ventricule, ne cesse pas de lui verser du sang qui détermine sa contraction et qui seulement reflue à chaque fois dans l'oreillette, par les trous valvulaires dont nous avons parlé, et par la contraction supérieure du ventricule.

Lorsqu'après un certain temps d'interruption, le sang veineux a rempli l'artère pulmonaire et l'oreillette droite, ou bien lorsque les veines pul-

monaires et l'oreillette gauche sont tout à fait
vides de sang, leur action sur le système veineux
oblige les poumons à entrer de nouveau en fonc-
tion.

Enfin, à l'appui de ces observations, nous pouvons encore faire observer combien les cavités du
cœur se prêtent à ces quantités différentes de sang
à contenir et à transporter, par la faculté qu'elles
ont, à la différence des autres vaisseaux conducteurs du sang, de s'élargir et de se resserrer dans
les limites les plus étendues, et d'une autre part
que les animaux, qui n'ont pas de cœur, sont pré-
cisément ceux qui n'ont pas ce mouvement respiratoire variable dont nous venons de parler.

CHAPITRE IV.

DE LA FIÈVRE ET DES EXCITANTS DU SYSTÈME SANGUIN.

TOUTES les fois qu'une altération quelconque se manifeste dans les organes par suite d'accident ou de maladie, le sang qui entraîne dans son absorption tous les matériaux laissés par la nutrition, doit nécessairement s'altérer comme l'organe lui-même, et porter dans tous ses vaisseaux l'irritation dont il est chargé.

De cette irritation des vaisseaux résultent, d'après ce que nous venons de voir, deux conséquences : d'abord une augmentation dans la force de capillarité de ces vaisseaux, et par suite une accélération dans le mouvement du sang ; en second lieu, une dilatation latérale différente de ce qu'elle est dans l'état normal, et avec elle ces modifications de pouls veineux, plein, saccadé, etc., aussi variables que l'irritation elle-même.

Ce n'est pas tout ; les fonctions de la transpiration pulmonaire et cutanée sont si intimement liées à celles de la circulation du sang, qu'un trouble dans la première doit nécessairement se manifester également dans les deux autres ; de là l'haleine altérée, la peau sèche, et cette sensation intérieure et extérieure semblable à celle du froid, qu'on a désignée sous le nom de frisson.

Il y a des fièvres dans lesquelles l'altération de la transpiration n'est plus seulement effet, mais cause, comme dans les fièvres intermittentes ; alors le frisson prolongé, et la sueur abondante dont il est suivi, deviennent les caractères principaux qui se manifestent en pareil cas (1).

De même que les maladies, les médicaments agissent sur l'état du sang en modifiant sa nature et en détruisant cette irritation dont nous venons de parler ; on s'est étonné quelquefois que le quinquina pût à la fois donner et ôter la fièvre : rien de plus simple cependant : la chaux vive corrode la peau et cependant empêche l'acide sulfurique d'exercer la même action sur cet organe.

Il y a des substances qui irritent les vaisseaux sans cependant causer des maladies, sinon par leurs excès ; tels sont les alcooliques. C'est par cette excitation qu'ils favorisent la digestion, en accélé-

---

(1) Ces données fournies par la théorie sont parfaitement d'accord avec les observations que mon médecin et ami, le docteur Desmaisons, a eu occasion de faire sur les fièvres intermittentes en Berry, et que je regrette vivement qu'il n'ait pas eu le loisir de publier.

rant le mouvement du sang et par suite aussi l'action des absorbants chylifères; le café produit le même effet en agissant sur la partie nerveuse des vaisseaux; aussi l'abus de ce dernier se manifeste-t-il plutôt par son action sur le cerveau, centre du système nerveux, et celui des liqueurs fortes par une irritation devenue permanente des vaisseaux placés sous la surface de l'épiderme.

CHAPITRE V.

CIRCULATION LYMPHATIQUE.

Un ordre d'idées semblable à celui qui nous a servi à expliquer les divers phénomènes de la circulation du sang, peut nous servir encore à expliquer la circulation lymphatique.

On sait que les produits de la digestion absorbés par les vaisseaux chylifères et versés par eux dans le canal thoracique, et de là dans les deux veines caves, servent, par leur mélange avec le sang, à rendre ce liquide propre à la réparation des organes ; si la nourriture de l'homme était constante, si elle était telle que ses produits passés à l'état de chyle pussent fournir sans interruption et d'une manière régulière à l'absorption des vaisseaux chylifères, nul doute que ces vaisseaux ne fussent complétement suffisants pour servir à la nutrition ; mais il n'en est pas ainsi ; outre que l'homme ne mange pas toujours, son abstinence peut encore se prolonger pendant un temps de beaucoup supérieur à celui durant lequel la digestion est terminée.

Il fallait donc que la nature suppléât à cette interruption et continuât par d'autres moyens à fournir au sang veineux le mélange nécessaire à son entretien. Tel est l'objet de la lymphe et des vaisseaux que nous appellerons lymphifères.

Parmi les matériaux que la circulation du sang dépose à chaque instant dans toutes les parties du corps, il en est, parmi lesquels la graisse semble tenir le premier rang, dont la circulation veineuse ne recueille qu'en partie les débris usés par le jeu des organes; le reste absorbé par les vaisseaux lymphifères, est retenu par eux comme en réserve. A mesure ensuite que les vaisseaux chylifères cessent de fournir le liquide qu'ils sont destinés à transporter, celui des vaisseaux lymphatiques y supplée peu à peu et pendant un temps proportionné à l'intervalle de l'abstinence et à la constitution de chaque individu.

De là ces réservoirs de graisse placés surtout dans le voisinage du canal thoracique, de là les ganglions lymphatiques destinés à réunir et à préparer d'avance le liquide; car il faut pourvoir à la fois aux exigences les plus diverses, celle de l'exercice le plus violent joint à l'abstinence la plus absolue.

D'après cela, l'on peut remarquer entre les absorbants lymphatiques et les veines une sorte d'action balancée; celle des veines l'emporte en elle-même; mais à mesure que les vaisseaux lymphatiques se désemplissent, l'attraction formée par le vide leur donne l'avantage sur l'effort des veines, et d'autant plus que ce vide est plus grand; il faut toutefois que de nombreuses valvules établies dans leur intérieur empêchent le liquide de revenir sur lui-même pour se faire de nouveau absorber par les capillaires veineux.

Il arrive même une chose que nous nous étonnons qu'on n'ait pas remarquée plus tôt : lorsque le tube intestinal est irrité par une cause étrangère ou par la maladie, non-seulement les absorbants chylifères ne peuvent plus exercer leur influence, mais si le mal se prolonge, la lymphe elle-même est entraînée de ce côté par l'effet supérieur de cette irritation même.

C'est pour cela que la diarrhée ôte si promptement et si complétement les forces, c'est pour cela qu'alors même que la digestion est terminée, les déjections excrémentitielles peuvent encore se prolonger; c'est pour cela encore que les hommes robustes qui se livrent à leur appétit, ont besoin de temps en temps de dégager par quelques purgatifs leurs vaisseaux lymphatiques trop engorgés.

Et ici enfin nous allons pouvoir trancher nettement la distinction qui existe entre le traitement par les purgatifs et celui par la saignée : c'est que le premier dégorge les vaisseaux lymphatiques, comme la saignée dégorge les vaisseaux sanguins, et du reste, par suite de leur liaison intime, ces

deux modes de traitement réagissent nécessairement l'un sur l'autre.

CONCLUSION.

Nous terminerons ici ces observations rapides
sur le mécanisme de la circulation dans le corps
humain, heureux si nous avons pu éclaircir quelques points douteux de la théorie physiologique;
heureux surtout si nous avons pu, par quelques
aperçus utiles, aider au noble dévouement des
hommes qui exercent avec tant de zèle cet art pé-
nible de la médecine et de la chirurgie.

TABLE DES CHAPITRES.